MATEMÁTICAS I

Unidad 0

El lenguaje de los conjuntos

y algo de lógica

ALUMNA(O): ....

PROF: ....

GRUPO: .... SALÓN: .... HORARIO: ....

PLANTEL: .... TURNO: ....

MATEMÁTICAS I

Unidad 0

EL LENGUAJE DE LOS CONJUNTOS
Y ALGO DE LÓGICA

Manuel López Mateos

M_LM
EDITOR

Otras obras del autor:

1. Matemáticas básicas.
   https://matbas.mi-libro.club/

2. Funciones reales.
   https://funrel.mi-libro.club/

3. Límite.
   https://limite.mi-libro.club/

4. Propiedades básicas del análisis en R.
   https://propbas.mi-libro.club/

5. Conjuntos, lógica y funciones.
   https://clf.mi-libro.club/

6. MateCompu, para jóvenes.
   https://matecompu.mi-libro.club/

Primera edición, 2019

©2019 M$_L$M EDITOR

Matamoros s/n
Primera Sección
Xadani, Oaxaca
C.P. 70125
México

ISBN: 9781089695271
Imprint: Independently published

Información para catalogación bibliográfica:
    López Mateos, Manuel.
    Matemáticas I | Unidad 0, El lenguaje de los conjuntos y algo de lógica / Manuel López Mateos — 1a ed.
    viii–49 p. cm.

1. Matemáticas 2. Bachillerato 3. Conjuntos 4. Operaciones básicas 5. Lógica 6. Proposiciones 7. Tablas de verdad   I. López Mateos, Manuel, 1945–   II. Título.

Producido en México

Versión: 2019-08-11 11:49:53-05:00
https://manuel.lopez-mateos.net

Prefacio

Esta primera edición se publica en Unidades separadas para facilitar su empleo. Se trata de un libro de texto para los cursos de Matemáticas de acuerdo con los *Programas de estudio* de los Colegios de Ciencias y Humanidades de la UNAM[1].

Los contenidos temáticos de las unidades que conforman el primer curso de Matemáticas constan de cuatro unidades que abarcan 80 horas de clase según la siguiente distribución,

Unidad	Nombre de la unidad	Horas
1	El significado de los números y sus operaciones básicas	30
2	Variación directamente proporcional y funciones lineales	15
3	Ecuaciones de primer grado con una incógnita	15
4	Sistemas de ecuaciones lineales	20

Añadimos al temario anterior la unidad 0, con una duración de 5 horas, de carácter optativo pero, en nuestra opinión, de necesaria incorporación a los programas de estudio. Al emplear el lenguaje de los conjuntos y tener comprensión de las más básicas propiedades de la lógica se facilita la integración de aprendizajes en el pensamiento algebraico, incluyendo ecuaciones, funciones y sistemas de ecuaciones.

Unidad	Nombre de la unidad	Horas
0	El lenguaje de los conjuntos y algo de lógica	5

El propósito de esta unidad 0 es presentar una introducción elemental al lenguaje de los conjuntos y la lógica, se desarrollará familiaridad con estos conceptos a lo largo del curso.

Usamos la narrativa como estrategia didáctica, para combinar los aprendizajes con la comprensión de la lectura y la reflexión sobre el texto escrito; ilustramos con algunos ejemplos y presentamos Problemas a resolver en los espacios para ello, que faciliten al maestro evaluar el avance del alumno.

Confiamos en que este formato ayude tanto al estudiante para comprender y practicar el tema, como al maestro para evaluar el avance tema por tema.

MANUEL LÓPEZ MATEOS
manuel@cedmat.net

---

[1]   https://www.cch.unam.mx/programasestudio

1 Está o no está

Los temas de *Conjuntos* y *Lógica* facilitan la comunicación y ayudan a organizar ideas. Aquí daremos una breve introducción, para más detalles les recomiendo mi obra *Conjuntos, lógica y funciones*.

El concepto de *conjunto* es uno que no se puede definir empleando el lenguaje cotidiano. Hagan una prueba, pregunten a varias personas

---

¿Qué es un conjunto?

---

y analicen las respuestas.

De seguro que algunas responderán «es una reunión de objetos», otras dirán «es una agrupación de objetos», unas más «es un montón de objetos», y cosas por el estilo. En el intento de definir el concepto, simplemente se refieren a un sinónimo; si insistimos y preguntamos ahora «¿Qué es una *agrupación*?» veremos que responderán con algún otro sinónimo.

No es posible *definir el concepto* de Conjunto con lenguaje cotidiano, pero podemos usarlo.

Si hablamos del conjunto de los estados de la materia, sabemos de qué se está hablando. Sabemos que *gaseoso* es uno y que *fracturado* no. La letra A no es un estado de la materia, ni la palabra *chancla* lo es.

Aunque podríamos construir ejemplos complicados, entendemos lo que se quiere decir cuando alguien se refiere a *un conjunto de...*.

Para que un conjunto sea tal, le pedimos que esté *bien definido*, lo cual significa que dado un objeto y un conjunto, **podamos decidir si el objeto pertenece o no al conjunto**[1].

EJEMPLO 1.1 El conjunto de los estados de la materia[2] está bien definido. Los elementos de ese conjunto son *Sólido, Líquido, Gaseoso* y *Plasmático*. Cualquier otro objeto *no* está en el conjunto. ☺

1.1. Listar y/o describir

Si un objeto está en un conjunto, ese objeto *es* un *elemento* del conjunto. Esa pertenencia la denotamos con el símbolo $\in$. Si llamamos M al conjunto de estados de la materia, entonces

$$gaseoso \in M, \quad sólido \in M, \quad A \notin M, \quad chancla \notin M,$$

donde el símbolo $\notin$ significa que ese objeto *no es* un elemento del conjunto.

Un conjunto se puede *listar* o *describir*.

---

[1] Para no caer en la PARADOJA DEL BARBERO. *Ver* RUSSELL, *Paradoja de Russell* — Wikipedia, *The Free Encyclopedia* y LÓPEZ MATEOS, *Conjuntos, lógica y funciones*, p. 2.

[2] WIKIPEDIA: https://es.wikipedia.org/wiki/Estado_de_agregaci%C3%B3n_de_la_materia

Si M es el conjunto de estados de la materia lo listamos como

$$M = \{\text{sólido, líquido, gaseoso, plasmático}\},$$

es decir, entre llaves colocamos cada uno de sus elementos.

O lo podemos describir

$$M = \{x \mid x \text{ es un estado de la materia}\},$$

que se lee «M es el conjunto de x tales que (la raya vertical | se lee *tales que* o *tal que*) x es un estado de la materia».

Aunque no siempre lo mencionamos de manera explícita, cuando hablamos de elementos y de conjuntos, estos elementos son objetos que pertenecen a un conjunto más general, que llamamos *total* o *conjunto universo* y denotamos con Ω, *Omega*, la última letra del alfabeto griego.

Para referirnos a un conjunto C de camisas azules, consideramos que Ω es el conjunto de camisas y entonces

$$C = \{x \in \Omega \mid x \text{ es azul}\}$$

que se lee «C es el conjunto de camisas x tales que x es azul».

Problemas 1.1.

1. El modelo de color RGB representa un color por medio de la mezcla de los tres colores de luz primarios[3] **R**ed (rojo), **G**reen (verde), **B**lue (azul). Lista y describe el conjunto de los colores del modelo RGB.

2. Lista y describe el conjunto de las vocales del idioma español.

3. Por medio de conjuntos, describe la temperatura promedio de los últimos cinco días.

4. Reúnan un grupo de tres a cinco personas, describan por medio de conjuntos las películas que han visto la última semana.

---

[3]   WIKIPEDIA: https://es.wikipedia.org/wiki/RGB

1.2. Complemento y contención

Recordemos que llamamos Ω (*Omega*, la última letra del alfabeto griego) al conjunto *universo*, conjunto del cual obtenemos los objetos de nuestros conjuntos. Digamos que al hablar de las novelas publicadas el año pasado, el conjunto universo sería el conjunto de las novelas.

Si tenemos un conjunto A de elementos de Ω y resulta que algún objeto y de Ω no pertenece a A, entonces pertenece a su **complemento**, es decir, el complemento de un conjunto A, lo denotamos con A^c, con $\overline{A}$ o con A', es el conjunto de elementos de Ω que no están en A,

$$A' = \overline{A} = A^c = \{ x \in \Omega \mid x \notin A \}.$$

Lo ilustramos con el **diagrama intuitivo**[4] de la Figura 1.1.

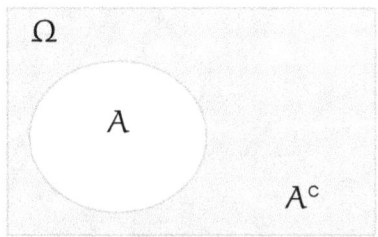

FIGURA 1.1 La parte sombreada es el complemento de A.

EJEMPLO 1.2 Según el documento *Perú: Estimaciones y Proyecciones de población total y por sexo de las ciudades principales, 2000–2015*[5], la población estimada para 2015 de las principales **ciudades** del Perú es de:

Lima	9,886,647	Chiclayo	600,440
Arequipa	869,351	Iquitos	437,376
Trujillo	799,550	Piura	436,440

De las ciudades mencionadas, el conjunto X de las ciudades que tienen menos de 700,000 habitantes es

$$X = \{\text{Chiclayo, Iquitos, Piura}\},$$

el complemento de X es $X^c = \{\text{Lima, Arequipa, Trujillo}\}$, cuyos elementos son las ciudades del Perú que tienen 700,000 o más habitantes.

Si Y es el conjunto de esas ciudades cuyo nombre *termina* con la letra "a", entonces

$$Y^c = \{\text{Trujillo, Chiclayo, Iquitos}\}.$$

Del contexto se infiere cuál el conjunto universo considerado

$$\Omega = \{\text{Lima, Arequipa, Trujillo, Chiclayo, Iquitos, Piura}\}.$$

☺

---

[4] En multitud de libros de texto, a estos **diagramas intuitivos** se les llama, de manera incorrecta, *Diagramas de Venn*. Puedes ver la explicación en LÓPEZ MATEOS, *Conjuntos, lógica y funciones*, sección 4.3, página 103.

[5] Fuente: *Instituto Nacional de Estadística e Informática* del Perú.

Si sucede que dos conjuntos A y B son tales que cada elemento de A es un elemento de B, decimos que A es un *subconjunto* de B o que A está *contenido* en B; lo denotamos con ⊆,

Ejemplo 1.3 Si X es el conjunto de múltiplos positivos de 4, menores que 10 y Y es el conjunto de múltiplos positivos de 2, menores que 10, ¿está X contenido en Y?

Solución. Listemos cada conjunto,

$$X = \{4, 8\}$$
$$Y = \{2, 4, 6, 8\},$$

vemos que *sí*, cada elemento de X es un elemento de Y. ☺

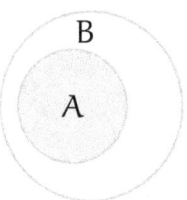

FIGURA 1.2 A ⊆ B si cada elemento x ∈ A, está en B.

Ejemplo 1.4 Sea M el conjunto de los seres mortales y H el conjunto de los humanos. Denotemos con s a Sócrates. Tenemos que H ⊆ M, es decir que si x ∈ H entonces x ∈ M, lo cual significa que si x es humano entonces x es mortal, o más claramente *Todos los humanos son mortales*. En particular s ∈ H, es decir *Sócrates es humano*, por la definición de contención tenemos que x ∈ M, es decir *Sócrates es mortal*.

Todos los humanos son mortales,   H ⊆ M,   (es decir x ∈ H ⇒ x ∈ M)

Sócrates es hombre,   s ∈ H,

Luego Sócrates es mortal.   Luego s ∈ M. ☺

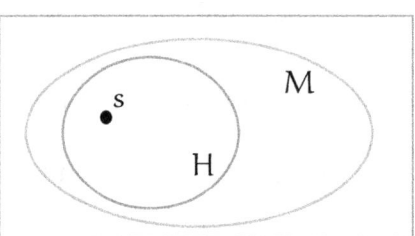

FIGURA 1.3 Todos los hombres son mortales.

Ejemplo 1.5 El grupo de pueblos indígenas mesoamericanos perteneciente a la familia Maya tradicionalmente han habitado en los estados mexicanos de Yucatán, Campeche, Tabasco y Chiapas, en la mayor parte de Guatemala y en regiones de Belice y Honduras. Denotemos con M al conjunto de países americanos donde habitan pueblos mayas, así,

$$M = \{\text{México, Guatemala, Belice, Honduras}\}.$$

Vemos que Ecuador $\notin$ M, es decir, Ecuador está en el complemento de M que es el conjunto de los países americanos que *no* están en M. ☺

Cuando se listan los elementos de un conjunto, basta hacerlo una vez.

No hay distinción entre $\{3, 3, 3, 2, 2\}$ y $\{2, 3\}$, se trata del mismo conjunto. En la lista de los elementos de un conjunto aparecen ellos, *no cuántas* veces están considerados.

EJEMPLO 1.6 Si P es el conjunto de las letras en la palabra *colorada*, tenemos que $P = \{c, o, l, r, a, d\}$. No importa que en la palabra aparezca dos veces la letra 'o', o la letra 'a'. ☺

No importa el orden en que se coloquen los elementos de un conjunto.

EJEMPLO 1.7 Acerca del conjunto P del ejemplo anterior,

$$P = \{c, o, l, r, a, d\} = \{a, c, d, l, o, r\}.$$ ☺

La *contención* de conjuntos es *transitiva*, es decir,

$$\text{si } A \subseteq B \text{ y } B \subseteq C \text{ entonces } A \subseteq C.$$

Para verificar que dos conjuntos A y B son *iguales*, debemos verificar que

$$1.\ A \subseteq B \quad \text{y que} \quad 2.\ B \subseteq A,$$

es decir, la *doble contención*.

Un conjunto peculiar, es el *conjunto vacío*, conjunto que *no* tiene elementos, lo denotamos con $\emptyset$,

$$\emptyset = \{x \in \Omega \mid x \neq x\}.$$

El conjunto vacío es útil para indicar que algo no sucede.

Ejemplo 1.8 Supongamos que Ω es el conjunto de las personas de nuevo ingreso en el CCH-UNAM. ¿Cuál es el conjunto G de las personas de nuevo ingreso en el CCH-UNAM con un postdoctorado en bioquímica? Claramente ninguna persona de nuevo ingreso en el CCH-UNAM cumple esas características, luego G $= \emptyset$.

☺

Problemas 1.2.

1. Sea Ω el conjunto de las camisas, y A el conjunto de las camisas azules. ¿Cuál es el complemento de A?

2. Sea Ω el conjunto de los meses de año y M el conjunto de meses que tienen 31 días. ¿cuál es M^c?

3. Emplea el lenguaje de los conjuntos para describir ¿Cuáles son los departamentos de Costa Rica que no tienen costa?

4. Si el universo es el conjunto de estados de la república mexicana, y C es el conjunto de los estados que tienen costa, ¿cuál es el subconjunto de C de los estados que limitan con otro país? ¿Pertenece Coahuila a ese conjunto?

5. ¿Cuál es el subconjunto de las novelas de Gabriel García Márquez que has leído?

6. Si Ω es el conjunto de los elementos que aparecen en la **Tabla Periódica de los Elementos**[6], halla los siguientes subconjuntos de Ω: el conjunto A de los **metales alcalinos**, el conjunto B de los **actínidos** y el conjunto C de los **gases nobles**.

[6] Vean la *Tabla Periódica de los Elementos* en Wikipedia

2 Verdadero o falso

2.1. Valor de verdad, negación y tabla

Una *proposición lógica* o simplemente una *proposición*, es una afirmación que tiene *dos* posibles *valores de verdad*, V o F, es verdadera o es falsa.

Dada una proposición p, es *verdadera*, V, o es *falsa*, F.

Si una proposición p es verdadera, su *negación*, que denotamos con ¬p, es falsa. Lo describimos en la **tabla de verdad** de la negación,

p	¬p
V	F
F	V

En la columna **p** vemos los posibles valores de verdad de p, que son verdadero V, o falso F. En la columna ¬p vemos los *correspondientes* valores de ¬p. Cuando p tiene valor V, ¬p tiene valor F. Cuando p tiene valor F, ¬p tiene valor V.

EJEMPLO 2.1 Di cuáles de las siguientes expresiones son proposiciones, da su valor de verdad y enuncia su negación.

p: *embotellado* es un estado de la materia,

q: Un Estudio en Escarlata,

r: 32 es mayor que 7,

s: ¡Ni tú / ni yo!

SOLUCIÓN. p *sí es una proposición*, es Falsa (los estados de la materia son *Sólido*, *Líquido*, *Gaseoso* y *Plasmático*), su negación es

$$\neg p : \textit{embotellado} \text{ no es un estado de la materia,}$$

la cual es Verdadera.

q *no es una proposición*, es el título de un libro[1], no afirma o niega nada y no tiene un valor de verdad, y por lo tanto no tiene negaciòn.

r *sí es una proposición*, es Verdadera pues es cierto que el número 32 es más grande que 7. Su negación es

$$\neg r : \text{ 32 no es mayor que 7,}$$

---
[1] Se trata de la novela que da inicio la saga de SHERLOCK HOLMES. *Ver* CONAN DOYLE, *A Study in Scarlet*.

la cual es Falsa.

s *no es una proposición*. Se trata de los últimos dos renglones de un poema[2]. Sin saber a qué se refiere, no podemos saber su valor de verdad.

☺

PROBLEMAS 2.1.

Enuncia la negación de cada proposición y di su *valor de verdad*.

1. Ayer llovió.

2. El número 5 es par.

3. El número 7 es mayor que 15.

4. Los países de América.

5. La Tierra gira alrededor del Sol.

6. Los caballos jadean.

7. Hay hongos venenosos.

8. $3 \times 2 = 6$.

9. *Perenifolia* significa *siempre con follaje*.

2.2. Todo o nada

En el lenguaje cotidiano, lo contrario de *todo* es *nada*. La frase ¡*todo o nada!* expresa esa disyuntiva. Pero la **negación** de *todo* es *no todo*. Es decir, si no sucede que *todo*, lo que sucede es que *no todo*. Y *no todo* no es lo mismo que *nada*.

---

[2] *Primera Cohetería*, GARCÍA LORCA, *Obras Completas*, Tomo I, , [p. 801].

Así, hay quien piensa que *la contradicción*, en tanto que alternativa, de "todas las pelotas son azules" es que "ninguna pelota es azul", por lo que debemos aclarar el uso de la expresión **"contradicción"**, asimismo debemos cultivar la capacidad de percibir las consecuencias *lógicas* de una afirmación.

La *contradicción* de una afirmación es su negación, así, la contradicción de "todas las pelotas son azules" es "no todas las pelotas son azules", ahora bien, dado un cierto conjunto P de pelotas, si la proposición

$$p: \text{todas las pelotas de P son azules}$$

es verdadera, ello significa que tenemos la certeza de que dado **cualquier** elemento de P, que es una pelota, es azul. Pero si la proposición p anterior no es verdadera, es decir es falsa, la proposición que será verdadera es $\neg p$, es decir, lo cierto será que "no todas las pelotas de P son azules". ¿Esto significa que **ninguna** pelota de P es azul? La respuesta es *no*. Sucederá que en P habrá pelotas de otros colores, no importa de cuál otro color, pero **no todas** las pelotas de P son azules. Si la proposición

$$\neg p: \text{no todas las pelotas de P son azules}$$

es verdadera, significa que *al menos una* **pelota en P no es azul**, es decir, que *existe alguna* **pelota en P que no es azul**.

> Cuando es falsa una afirmación sobre *todos* los elementos de un conjunto, sucede que *al menos un* elemento del conjunto *no cumple* con la afirmación.

Presentamos una tabla con algunas afirmaciones y su negación.

Afirmación	Negación
Todos los x son p	Algún x no es p
Ningún x es p	Algún x es p
Algún x es p	Ningún x es p
Algún x no es p	Todos los x son p

PROBLEMAS 2.2.

Enuncia la negación de las siguientes afirmaciones y di cuál es verdadera.

1. Todos los gatos son pardos,

2. Nadie es profeta en su tierra,

3. Algunas aves emigran,

6. Hay ejercicios anaeróbicos,

4. Algunas serpientes no son venenosas,

7. Todas las flores tienen pistilo,

5. Ninguna máquina funciona,

8. Algún planeta no tiene agua.

Conjetura

Cuando se afirma que una proposición es verdadera se establece una **conjetura**, es decir, una *presunción* de que la afirmación es verdadera.

Las conjeturas, es decir las presunciones, han de confirmarse.

Si afirmamos que **todos** los elementos de un conjunto C cumplen con determinada propiedad p, debemos **mostrar** que dado **cualquier** elemento $x \in C$ se tiene que x **cumple** la propiedad p.

Si, por lo *contrario*, afirmamos que **no es cierto** que todos los elementos de C cumplen la propiedad p, lo cierto es que **existe al menos un elemento** $x \in C$ tal que x **no cumple** con la propiedad p.

Si logramos **verificar que se cumple** la afirmación realizada, habremos demostrado que la conjetura resultó cierta.

Si logramos **exhibir un caso en el que no se cumple** la afirmación realizada, es decir, si logramos exhibir un **contraejemplo**, habremos demostrado que la conjetura resultó falsa .

EJEMPLO 2.2 ¿Es cierto que todos los nombres de los días de la semana, en español, comienzan con la letra "M"? La respuesta es **no**, ya que puedo *exhibir al menos un* nombre de día de la semana, a saber "Lunes", que *no* empieza con la letra "M". Hemos exhibido un *contraejemplo*.   ☺

Ejemplo 2.3

Conjetura: Ninguna naranja está podrida.

Comprobación: Comemos las naranjas, ¿todas estuvieron bien? Si la respuesta es afirmativa la conjetura fue cierta. Si *alguna* naranja salió podrida, la conjetura resultó falsa. ☺

Actividad 2.1.

Construyan proposiciones acerca de un grupo de personas. Establezcan conjeturas, traten de demostrar que son ciertas o de exhibir contraejemplos si piensan que son falsas.

Problemas 2.3.

Dadas las conjeturas siguientes, explica cómo demostrar que es cierta, o cómo se probaría que es falsa.

1. Todos asistirán a la Cumbre,

2. Ningún huracán tocará tierra,

3. Algún río se desbordará,

4. Algunos países no firmarán el acuerdo,

3 Operaciones básicas

El complemento de un conjunto y la negación de una proposición son operaciones efectuadas sobre **un** objeto. Es una operación *unaria*. Cuando una operación se aplica a dos objetos, se llama ***operación binaria***, como la suma o el producto de números.

Como en el caso del *complemento*, también para las operaciones binarias básicas de *intersección* y *unión* en conjuntos, tenemos operaciones similares en proposiciones.

3.1. Complemento y negación

Recordemos, el **complemento** de un conjunto A está formado por los elementos del *universo* Ω que no pertenecen a A; son los *puntos de* Ω que no están en A,

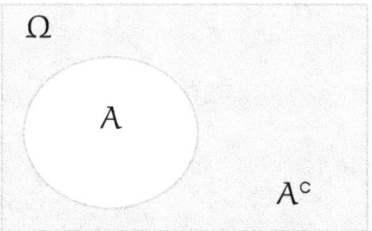

FIGURA 3.1 $A' = \overline{A} = A^c = \{x \in \Omega \mid x \notin A\}.$

Una **proposición** p tiene dos valores de verdad, es *verdadera* (V) o *falsa* (F). La negación $\neg p$ tiene los valores de verdad opuestos a p, su tabla de verdad aparece en la siguiente figura: cuando p es verdadera, $\neg p$ es falsa, y viceversa.

p	$\neg p$
V	F
F	V

3.2. Intersección

La **intersección** de dos conjuntos A y B se denota con $A \cap B$, es el conjunto de elementos que pertenecen a A y a B,

$$A \cap B = \{x \in \Omega \mid x \in A \ \text{y} \ x \in B\},$$

EJEMPLO 3.1 Sean los conjuntos $A = \{2, 3, 5, 6\}$, $B = \{1, 2, 4, 5\}$ y $C = \{1, 3, 5\}$.
Tenemos que $A \cap B = \{2, 5\}$ y $A \cap C = \{3, 5\}$.

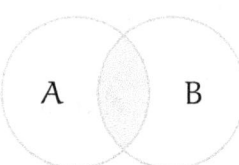

FIGURA 3.2 La parte sombreada representa la *intersección*.

EJEMPLO 3.2 La intersección de los conjuntos X y Y de las ciudades del Ejemplo 1.2 de la página 3 es:

$$X \cap Y = \{\text{Piura}\},$$

formado por las ciudades que tienen menos de 700,000 habitantes *y* su nombre *termina* con la letra "a".

EJEMPLO 3.3 Si X es el conjunto de múltiplos positivos de 4 menores que 10 y Y es el conjunto de múltiplos positivos de 2 menores que 10, demuestra que $X \cap Y = X$.

SOLUCIÓN. Una manera de verificar la afirmación es listar los dos conjuntos y efectuar la operación de *intersección*,

$$X = \{4, 8\}$$
$$Y = \{2, 4, 6, 8\}$$

luego

$$X \cap Y = \{4, 8\} = X.$$

EJEMPLO 3.4 Cualquier aleación de cobre y estaño se llama bronce. Hay muchas aleaciones que contienen pequeñas cantidades de otros materiales. Al añadir fósforo se obtiene resistencia al uso, el bronce con plomo sirve para hacer partes móviles, con níquel se obtiene dureza y sirve para hacer engranes, con silicón se hace más fuerte para rodamientos y es resistente a la corrosión, se usa para hacer partes de barcos. Hay otras aleaciones de cobre sin estaño que también se llaman bronce, como el cobre con aluminio llamado bronce de aluminio, el cobre con zinc llamado latón y el cobre con zinc y manganeso llamado bronce de manganeso.

Expresamos como conjuntos a las aleaciones anteriores:

$$B = \{\text{cobre, estaño}\}, \qquad S = \{\text{cobre, estaño, silicón}\},$$
$$F = \{\text{cobre, estaño, fósforo}\}, \qquad A = \{\text{cobre, aluminio}\},$$
$$P = \{\text{cobre, estaño, plomo}\}, \qquad L = \{\text{cobre, zinc}\},$$
$$N = \{\text{cobre, estaño, níquel}\}, \qquad M = \{\text{cobre, manganeso}\}.$$

Claramente

$$F \cap N = B,$$
$$M \cap A = \{\text{cobre}\}.$$

Ajenos

Dos conjuntos A y B son *ajenos* si su intersección es el conjunto vacío, es decir

> A y B son *ajenos* si, y sólo si, $A \cap B = \emptyset$

Ejemplo 3.5 El mejor ejemplo de conjuntos ajenos es A y su complemento, $A \cap A^c = \emptyset$. Dado $x \in A$ tenemos que $x \notin A^c$ y *viceversa*, si $x \in A^c$ por definición $x \notin A$, así A y A^c no tienen elementos en común. ☺

Ejemplo 3.6 Si X es el conjunto de países que limitan con la Bahía de Bengala y Y es el conjunto de países que limitan con el Mar Caribe, claramente los conjuntos X y Y son ajenos. ☺

> A es un *subconjunto propio* de B si $A \subseteq B$ pero existe $x \in B$ tal que $x \notin A$.
> Se denota con $\subset$.
> Es decir, $A \subset B$ si $A \subseteq B$ pero A no es todo B.

Problemas 3.1.

Para las preguntas de la 1 a la 4 considera que A es el conjunto de países del continente americano, y define:

$$T = \{ x \in A \mid x \text{ limita con el Océano Atlántico} \},$$
$$P = \{ x \in A \mid x \text{ limita con el Océano Pacífico} \}.$$

1. Obtén $T \cap P$.

2. ¿Es cierto que $T^c = P$? ¿Por qué?

3. Define dos conjuntos, Q y R, de elementos de A que sean ajenos.

4. Encuentra un conjunto S tal que $S \subset T \cap P$.

Conjunción

La *conjunción* de dos proposiciones p y q se denota con p $\land$ q (se lee "p *y* q"), es otra proposición.

> p $\land$ q es verdadera **si**
>
> p es verdadera **y** q es verdadera

Su *valor de verdad* está dado por la tabla siguiente, llamada la *tabla de verdad* de la conjunción:

p	q	p $\land$ q
V	V	V
V	F	F
F	V	F
F	F	F

En la primera y segunda columna aparecen las posibles combinaciones de los valores de verdad de p y de q, y en la tercera columna el valor correspondiente a la proposición p $\land$ q según la definición de *conjunción*. Por ejemplo, en el tercer renglón vemos que p es Falsa y q es Verdadera, luego, según la definición de *conjunción*, p $\land$ q es Falsa.

EJEMPLO 3.7 Consideremos las siguientes afirmaciones:

$$p : 7 \text{ es par,}$$
$$q : \text{Santiago es la capital de Chile.}$$

La conjunción de las proposiciones p y q, a saber,

$$7 \text{ es par } \textbf{y} \text{ Santiago es la capital de Chile,}$$

es falsa pues p es falsa (el 7 no es un número par). No importa que q sea verdadera (sabemos que es verdad que Santiago es la capital de Chile). Para que la conjunción de dos proposiciones sea verdadera **es necesario** que las dos proposiciones sean verdaderas. ☺

EJEMPLO 3.8 La unión de los conjuntos X y Y de las ciudades del Ejemplo 1.2 de la página 3 es:

$$X \cup Y = \{\text{Lima, Arequipa, Chiclayo, Iquitos, Piura}\},$$

formado por las ciudades que tienen menos de 700,000 habitantes *o* su nombre termina con la letra "a".

Ejemplo 3.9 Averigüemos el valor de la conjunción de p ∧ q en el caso de las proposiciones:

p: Soy millonario,

q: Nadie me quiere.

¡Uf! Las proposiciones parecen demasiado subjetivas como para someterlas a análisis, pero veamos las cosas con calma.

Para que la conjunción de p y q, que se denota con p ∧ q, sea verdadera **es necesario** que tanto p como q lo sean. En este caso la conjunción de p y q se lee:

Soy millonario **y** nadie me quiere.

Como podrán imaginar, la veracidad de la conjunción **depende** de quién realice la afirmación. El ejemplo consiste en que cada lector se coloque como el emisor de las proposiciones p y q. Les pregunto, de manera individual: ¿Eres millonario? si me respondes que no lo eres, tendremos que p es falsa. Ahora es el turno de q: ¿Nadie te quiere? Si hay alguna persona que te quiera entonces q es falsa y, por lo tanto, la conjunción p ∧ q es falsa. ☺

Para que la **conjunción** p ∧ q de dos proposiciones sea verdadera es **necesario** que las dos lo sean.

Problemas 3.2.

Construye la tabla de verdad de

1. ¬(¬p),

3. ¬(p ∧ q).

2. ¬p ∧ q.

Para las proposiciones p y q,

p: 2020 es año bisiesto,

q: Nunca nieva en CDMX,

enuncia las proposiciones siguientes y di cuál es su valor de verdad:

1. $\neg p$,

3. $p \wedge q$,

2. $\neg q$,

4. $p \wedge \neg q$.

3.3. Unión

La *unión* de dos conjuntos A y B se denota con $A \cup B$, es el conjunto de elementos que pertenecen a A o a B (o a *ambos*),

$$A \cup B = \{x \in \Omega \mid x \in A \text{ o } x \in B\},$$

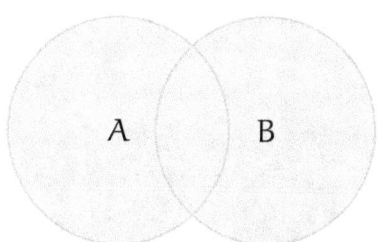

FIGURA 3.3 La parte sombreada representa la *unión*.

EJEMPLO 3.10 Sea $\Omega = \{1, 2, 3, 4, 5, 6\}$ y los conjuntos $A = \{2, 3, 5, 6\}$, $B = \{1, 2, 4, 5\}$ y $C = \{1, 3, 5\}$. Tenemos que $A \cup C = \{1, 2, 3, 5, 6\}$ y $A \cup B = \Omega$. ☺

EJEMPLO 3.11 Si X es el conjunto de múltiplos positivos de 4 menores que 10 y Y es el conjunto de múltiplos positivos de 2 menores que 10, demuestra que $X \cup Y = Y$.

SOLUCIÓN. Listamos los dos conjuntos y efectuamos la operación de *unión*,

$$X = \{4, 8\}$$
$$Y = \{2, 4, 6, 8\}$$

luego

$$X \cup Y = \{2, 4, 6, 8\} = Y.$$

Para pertenecer a la *unión* de dos conjuntos, un objeto debe pertenecer a *al menos uno* de los dos (puede pertenecer a *ambos*).

EJEMPLO 3.12 Con el mismo enunciado del Ejemplo 3.4 de la página 13 acerca de las aleaciones con cobre, vemos que

$$S \cup P = \{\text{cobre, estaño, silicón, plomo}\},$$
$$L \cup B = \{\text{cobre, estaño, zinc}\}.$$

PROBLEMAS 3.3.

Con el mismo enunciado del Problema 3.1 de la página 14, responde,

1. ¿Es cierto que $P^c = T$? ¿Por qué?

3. Define dos conjuntos, Q y R, de elementos de A que sean ajenos y que $Q \cup R \subseteq T$.

2. Halla $(T \cup P)^c$.

Disyunción

La *disyunción* se denota con $p \vee q$ (se lee "p *o* q"), es otra proposición, donde p y q son proposiciones.

$p \vee q$ es verdadera **si**

p es verdadera **o** q es verdadera

Su *valor de verdad* está dado por la tabla siguiente, llamada la *tabla de verdad* de la disyunción:

p	q	p ∨ q
V	V	V
V	F	V
F	V	V
F	F	F

En la primera y segunda columna aparecen las posibles combinaciones de los valores de verdad de p y de q, y en la tercera columna el valor correspondiente a la proposición p ∨ q según la definición de *disyunción*. Por ejemplo, en el tercer renglón vemos que p es Falsa y q es Verdadera, luego, según la definición de *disyunción*, p ∨ q es Verdadera.

EJEMPLO 3.13 Sean las proposiciones p y q las siguientes:

$$p: 6 \text{ es par,}$$

$$q: 6 \text{ es múltiplo de 3.}$$

La disyunción p ∨ q es verdadera —para que sea verdadera **basta** que una de las proposiciones lo sea— pues sucede que, en este caso, las dos proposiciones son verdaderas. ☺

Para que sea verdadera la **disyunción** p ∨ q de dos proposiciones **basta** que una de las dos, sea p o sea q, sea verdadera.

3.4. Diferencia

Consideremos a dos conjuntos A y B. La operación que representa a los elementos de A que *no* están en B se llama la *diferencia* de A y B, se denota con A \ B y se lee A *diferencia* B,

$$A \setminus B = \{ x \in A \mid x \notin B \}.$$

EJEMPLO 3.14 Sea A el conjunto de las personas a quienes gusta la interpretación de YUJA WANG de los 24 *Preludi, Op. 28* de FRÉDÉRIC CHOPIN y B el conjunto de las personas a quienes gusta la pieza *Wolf Totem* de la banda mongola de *heavy metal*, THE HU. Describe los conjuntos A \ B y B \ A.

SOLUCIÓN. A \ B es el conjunto de personas a quienes gusta la interpretación de YUJA WANG de los Preludios de CHOPIN **pero no** les gusta la pieza *Wolf Totem*, de THE HU.

B \ A es el conjunto de personas a quienes gusta la pieza *Wolf Totem*, de THE HU, **pero no** les gusta la interpretación de YUJA WANG de los Preludios de CHOPIN. ☺

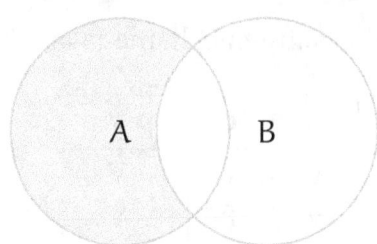

Figura 3.4   A \ B, los elementos de A que **no están** en B.

En *proposiciones*, la operación equivalente a la *diferencia* entre conjuntos, es la definida por $p \wedge \neg q$, cuya tabla de verdad es

p	q	$\neg q$	$p \wedge \neg q$
V	V	F	F
V	F	V	V
F	V	F	F
F	F	V	F

3.5.   Diferencia simétrica

Sean A y B dos conjuntos. La **diferencia simétrica** de A y B, que denota con $A \triangle B$, es la *unión* de A \ B y B \ A, es el conjunto de puntos que están en A o en B pero **no** en ambos, es decir

$$A \triangle B = (A \setminus B) \cup (B \setminus A).$$

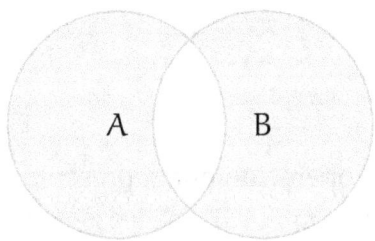

Figura 3.5   A *diferencia simétrica* B.

La definición anterior de diferencia simétrica equivale a

$$A \triangle B = (A \cup B) \setminus (A \cap B).$$

> La diferencia simétrica es
> la unión *menos* la intersección

EJEMPLO 3.15 Usemos los conjuntos A y B del Ejemplo 3.14, página 19, sobre CHOPIN y *The HU*. La diferencia simétrica de A y B es el conjunto de las personas que gustan de la interpretación de YUJA o de *Wolf Totem*, pero **no de ambas**. Es decir, consideramos la unión de A y B, pero excluimos la intersección A ∩ B.

☺

Disyunción excluyente

La disyunción lógica descrita choca con el uso cotidiano de la frase "p o q", empleada para expresar la elección entre dos alternativas, consideradas excluyentes: "¿subes o bajas?". Para expresar esa disyunción **excluyente** —en donde se pide que, una de dos, p sea verdadera o que q sea verdadera, pero que no **ambas** lo sean (el término **excluyente** se usa en el sentido de que la veracidad de una proposición **excluye** la veracidad de la otra)—, se pueden usar las operaciones de conjunción y disyunción definidas anteriormente, junto con la negación.

Sean p y q dos proposiciones, la *disyunción excluyente* de p y q, que se denota con $p \veebar q$ y se lee *"una de dos, p o q"*, es otra proposición; es verdadera cuando p es verdadera *o* q es verdadera, pero no ambas.

> Si $p \veebar q$ es verdadera tenemos que p es verdadera **o** q es verdadera, **y es falso** que p es verdadera **y** q es verdadera.

Es decir, $p \veebar q$ tiene el mismo valor de verdad que

$$(p \vee q) \wedge (\neg(p \wedge q)).$$

Vamos a construir la tabla de verdad de la **disyunción excluyente**, es decir, la tabla de verdad de $(p \vee q) \wedge (\neg(p \wedge q))$, en base a las operaciones básicas de **negación**, **conjunción** y **disyunción**; procedamos por partes, primero veamos cuál es la tabla de verdad de $\neg(p \wedge q)$:

p	q	$p \wedge q$	$\neg(p \wedge q)$
V	V	V	F
V	F	F	V
F	V	F	V
F	F	F	V

En las dos primeras columnas colocamos las posibles combinaciones de los valores de verdad de p y q. En la tercera columna colocamos los valores correspondientes de $p \wedge q$. Por ejemplo, vemos en el tercer renglón que el valor de p es F y el valor de q es V, luego el valor de $p \wedge q$ es F. Ahora bien, según el valor de verdad de $p \wedge q$ que aparezca en la tercer columna, será el valor de $\neg(p \wedge q)$ en la cuarta. En el caso del tercer renglón, tenemos que el valor de verdad de $p \wedge q$ es F, luego el valor de su negación, o sea $\neg(p \wedge q)$ en la cuarta columna, es V.

Ahora añadimos la conjunción con p ∨ q y obtenemos

p	q	p ∨ q	¬(p ∧ q)	(p ∨ q) ∧ (¬(p ∧ q))
V	V	V	F	F
V	F	V	V	V
F	V	V	V	V
F	F	F	V	F

Es decir, la tabla de verdad de la disyunción excluyente es:

p	q	p ⊻ q
V	V	F
V	F	V
F	V	V
F	F	F

Vemos que el valor de verdad de p ⊻ q es V, en el segundo y tercer renglón, sólo cuando p verdadera y q falsa *o* cuando p es falsa y q verdadera. El valor de verdad de p ⊻ q es F, en el primer y cuarto renglón, cuando ambas, p y q son verdaderas, o ambas son falsas.

EJEMPLO 3.16 Si p y q son las siguientes proposiciones,

$$p: 20 \text{ es múltiplo de } 5,$$
$$q: 20 \text{ es par},$$

enuncia las proposiciones ¬p, p ∧ q, p ∨ q, p ⊻ q y di cuál es su valor de verdad.

SOLUCIÓN. Tenemos que p es verdadera pues, en efecto, el número 20 es múltiplo de 5 porque $20 = 5 \times 4$. Asimismo q es verdadera pues $20 = 2 \times 10$. Entonces

¬p: 20 no es múltiplo de 5,	es falsa.
p ∧ q: 20 es múltiplo de 5 y es par,	es verdadera.
p ∨ q: 20 es múltiplo de 5 o es par,	es verdadera.
p ⊻ q: 20 es, una de dos, múltiplo de 5 o es par,	es falsa.

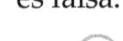

En el lenguaje cotidiano usamos de manera indistinta la disyunción y la disyunción excluyente, del contexto distinguimos el sentido utilizado.

ACTIVIDAD 3.1.

Con un grupo de personas da ejemplos de disyunciones, como ¿subes o bajas?, ¿postre o café?, ¿café o té?, y analiza el sentido con el cual se usa, excluyente o no.

PROBLEMAS 3.4.

Para cada par de proposiciones p y q, enuncia las proposiciones y da su valor de verdad.

a. p: El *helio* es un gas inerte,
   q: Madrid es la capital de España.

b. p: El *hielo* es agua sólida,
   q: Las ostras son mamíferos.

c. p: *Alhaja* proviene del árabe,
   q: 9 es par.

d. p: Acabó la pobreza,
   q: El aro es cuadrado.

1. ¬p,

3. p ∨ q,

2. p ∧ q,

4. p ⊻ q

Para las proposiciones p y q,

   p: Nunca llueve en Lima,

   q: El diámetro de una circunferencia es igual al triple de su radio,

enuncia las proposiciones y di cuál es su valor de verdad.

1. ¬p,

4. p ∨ q,

2. ¬q,

5. p ⊻ q.

3. p ∧ ¬q,

4 Propiedades de las operaciones

Es este capítulo simplemente enunciaremos las principales propiedades de las operaciones entre conjuntos y entre proposiciones lógicas. Estas operaciones y sus propiedades algebraicas se usan ampliamente en la teoría de circuitos digitales, parte básica de la robótica y mecatrónica[1].

4.1. Operaciones en conjuntos

Propiedades de la igualdad

Dos conjuntos A y B son *iguales*, lo escribimos A = B, si se cumple que

$$A \subseteq B \text{ y } B \subseteq A.$$

Podemos expresar la definición de igualdad entre conjuntos usando el símbolo "$\Leftrightarrow$" que representa la equivalencia lógica entre dos afirmaciones

$$A = B \Leftrightarrow A \subseteq B \text{ y } B \subseteq A,$$

que se lee

> A es igual a B **si, y sólo si**,
> A está contenido en B y B está contenido en A.

Para demostrar que dos conjuntos son iguales hay que demostrar que se cumple la **doble contención**, es decir que el primer conjunto está contenido en el segundo *y* que el segundo está contenido en el primero.

EJEMPLO 4.1 El conjunto P de los números primos menores que 10 es igual al conjunto $T = \{2, 3, 5, 7\}$ pues cada elemento de P es un elemento de T **y** cada elemento de T está en P. ☺

PROPIEDAD. 4.1. *Dado un conjunto A, el complemento del complemento del conjunto es el conjunto, es decir* $(A^c)^c = A$.

Propiedades de la intersección

PROPIEDAD. 4.2. *La operación de intersección de conjuntos es:*

   i) *Idempotente, es decir* $A \cap A = A$,

---
[1]   Ver *Álgebra de* BOOLE en mi obra *MateCompu*

ii) **Conmutativa**, *es decir* $A \cap B = B \cap A$,

iii) **Asociativa**, *es decir* $(A \cap B) \cap C = A \cap (B \cap C)$.

Otras propiedades básicas muy útiles para realizar operaciones entre conjuntos,

1. $A \cap \emptyset = \emptyset$. La intersección de un conjunto con el vacío es el vacío.

2. $A \cap \Omega = A$. La intersección de un conjunto con el total es el conjunto.

3. $A \cap A^c = \emptyset$. La intersección de un conjunto con su complemento es el vacío.

4. Si A y B son conjuntos tales que $A \subseteq B$ entonces $A \cap B = A$.

5. Si A y B son conjuntos tales que $A \cap B = A$ entonces $A \subseteq B$.

Propiedades de la unión

PROPIEDAD. 4.3. *La operación de unión de conjuntos es:*

i) **Idempotente**, *es decir* $A \cup A = A$,

ii) **Conmutativa**, *es decir* $A \cup B = B \cup A$,

iii) **Asociativa**, *es decir* $(A \cup B) \cup C = A \cup (B \cup C)$.

Otras propiedades de la unión,

1. $A \cup \emptyset = A$. La unión de un conjunto con el vacío es el conjunto.

2. $A \cup \Omega = \Omega$. La unión de un conjunto con el total es el total.

3. $A \cup A^c = \Omega$. La unión de un conjunto con su complemento es el total.

4. Para dos conjuntos A y B, tenemos que $A \subseteq B$ si, y sólo si, $A \cup B = B$.

Leyes distributivas

Las operaciones de intersección y unión se relacionan mediante las leyes distributivas que enunciamos a continuación.

PROPIEDAD. 4.4. *Si A, B y C son conjuntos formados con elementos de Ω, se cumple que*

i) $A \cap (B \cup C) = (A \cap B) \cup (A \cap C)$, *la unión distribuye a la intersección.*

ii) $A \cup (B \cap C) = (A \cup B) \cap (A \cup C)$, *la intersección distribuye a la unión.*

Leyes de absorción

Propiedad. 4.5. Leyes de absorción. *Si A y B son dos conjuntos, tenemos que*

i) $(A \cap B) \cup B = B$.

ii) $(A \cup B) \cap B = B$.

Leyes de De Morgan

Dos importantes propiedades relacionan las operaciones de intersección y unión con el concepto de complemento.

Propiedad. 4.6. Leyes de De Morgan. *Sean A y B dos conjuntos, se tiene que*

1. $(A \cap B)^c = A^c \cup B^c$, *el complemento de la intersección es la unión de los complementos.*

2. $(A \cup B)^c = A^c \cap B^c$, *el complemento de la unión es la intersección de los complementos.*

Problemas 4.1.

Sea el universo $\Omega = \{1, 2, 3, 4, 5, 6, 7\}$, y los conjuntos $A = \{3, 5, 7\}$, $B = \{1, 3, 6, 7\}$ y $C = \{2, 3, 4, 6\}$. Verifica que se cumplen

1. Las **leyes distributivas**.

2. Las **leyes de De Morgan**.

4.2. Operaciones en proposiciones

Equivalencia

Dos proposiciones p y q son *equivalentes* ($\equiv$) si sus tablas de verdad son iguales. Lo escribimos $p \equiv q$.

Ejemplo 4.2 La doble negación. Si p es una proposición, la doble negación de p es equivalente a p. Es decir

$$p \equiv \neg(\neg p).$$

SOLUCIÓN. Para verificar la equivalencia entre p y la doble negación, comparamos sus tablas de verdad.

p	$\neg p$	$\neg(\neg p)$
V	F	V
F	V	F

Vemos que, en efecto, coinciden los valores de verdad en las columnas de p y $\neg(\neg p)$, sus tablas de verdad son iguales y por lo tanto las dos proposiciones son equivalentes. ☺

Noten el parecido del ejemplo anterior con la Propiedad 4.1 de la página 24 sobre el complemento del complemento de un conjunto, que es igual al conjunto. Según avancemos veremos similitudes entre operaciones de conjuntos y conectivos lógicos. En este caso vemos la analogía entre el complemento de un conjunto y la negación de una proposición.

EJEMPLO 4.3 En la página 21 definimos la *disyunción excluyente*, que denotamos con $p \veebar q$ como la proposición que tiene el mismo valor de verdad que $(p \vee q) \wedge (\neg(p \wedge q))$, es decir dijimos que *por definición* $p \veebar q \equiv (p \vee q) \wedge (\neg(p \wedge q))$.

También podemos usar el símbolo $\overset{\text{def}}{=\!=\!=}$, y de hecho así lo haremos de ahora en adelante. Así, para *definir* la *disyunción excluyente* decimos que se denota con $p \veebar q$ y se *define* como

$$p \veebar q \overset{\text{def}}{=\!=\!=} (p \vee q) \wedge (\neg(p \wedge q)).$$

☺

Propiedades de la conjunción

PROPIEDAD. 4.7. *La conjunción en proposiciones es:*

i) *Idempotente, es decir* $p \wedge p \equiv p$,

ii) *Conmutativa, es decir* $p \wedge q \equiv q \wedge p$,

iii) *Asociativa, es decir* $(p \wedge q) \wedge r \equiv p \wedge (q \wedge r)$.

Propiedades de la disyunción

PROPIEDAD. 4.8. *La disyunción en proposiciones es:*

i) *Idempotente, es decir* $p \vee p \equiv p$,

ii) *Conmutativa, es decir* $p \vee q \equiv q \vee p$,

iii) *Asociativa, es decir* $(p \vee q) \vee r \equiv p \vee (q \vee r)$.

Leyes distributivas

Los conectivos de conjunción y disyunción se relacionan mediante las leyes distributivas que enunciamos a continuación.

Propiedad. 4.9. *Si* p, q *y* r *son proposiciones, se cumple que*

1. $p \wedge (q \vee r) \equiv (p \wedge q) \vee (p \wedge r)$, *la disyunción distribuye a la conjunción.*

2. $p \vee (q \wedge r) \equiv (p \vee q) \wedge (p \vee r)$, *la conjunción distribuye a la disyunción.*

Leyes de absorción

Propiedad. 4.10. Leyes de absorción. *Si* p *y* q *son dos proposiciones, tenemos que*

i) $(p \wedge q) \vee q \equiv q$.

ii) $(p \vee q) \wedge q \equiv q$.

Leyes de De Morgan

Dos importantes propiedades relacionan los conectivos de conjunción y disyunción con la negación. Noten la similitud con el caso de los conjuntos, aquí la conjunción, la disyunción y la negación juegan un papel similar a la intersección, la unión y el complemento en el caso de las Leyes de De Morgan para conjuntos.

Propiedad. 4.11. Leyes de De Morgan. *Sean dos proposiciones* p *y* q, *se tiene que*

1. $\neg(p \wedge q) \equiv \neg p \vee \neg q$, *la negación de una disyunción es equivalente a la conjunción de las negaciones.*

2. $\neg(p \vee q) \equiv \neg p \wedge \neg q$, *la negación de una disyunción es equivalente a la conjunción de las negaciones*

Demostración. Construimos la tabla de verdad para ambos lados de la equivalencia del inciso 1,

$$\neg(p \wedge q) \equiv \neg p \vee \neg q.$$

primero el lado izquierdo,

p	q	$p \wedge q$	$\neg(p \wedge q)$
V	V	V	F
V	F	F	V
F	V	F	V
F	F	F	V

después el lado derecho,

p	q	$\neg p$	$\neg q$	$\neg p \vee \neg q$
V	V	F	F	F
V	F	F	V	V
F	V	V	F	V
F	F	V	V	V

Los valores de verdad de la última columna de cada tabla son iguales y por lo tanto queda demostrada la primera Ley de De Morgan, la segunda queda como problema. ☺

Las propiedades básicas se demuestran por medio de tablas de verdad. Podemos usarlas ahora para *operar* como si fueran operaciones algebraicas.

Ejemplo 4.4 Demuestra que $p \wedge q \equiv \neg(\neg p \vee \neg q)$.

Solución. Comencemos del lado derecho, por la segunda Ley de De Morgan tenemos que

$$\neg(\neg p \vee \neg q) \equiv \neg(\neg p) \wedge \neg(\neg q),$$

y por el Ejemplo 4.2 de la doble negación,

$$\equiv p \wedge q.$$

☺

Problemas 4.2.

1. Demuestra la segunda Ley de De Morgan para proposiciones, enunciada en el segundo inciso de la Propiedad 4.11: *la negación de una disyunción es equivalente a la conjunción de las negaciones.*

2. Utiliza las propiedades de las equivalencias para demostrar que:

$$p \vee q \equiv \neg(\neg p \wedge \neg q).$$

5 Implicación y bicondicional

A las operaciones de *disyunción* y *conjunción* de la sección anterior se les llama **conectivos lógicos**. Los podemos combinar, junto con la negación, y obtener los importantes conectivos de **implicación** y **bicondicional**.

DEFINICIÓN 5.1. IMPLICACIÓN. Sean p y q dos proposiciones, la *implicación "si p entonces q"*, que se escribe p $\rightarrow$ q y también se lee p *implica* q, es una proposición; tiene el mismo valor de verdad que $\neg p \vee q$. Es decir,

$$p \rightarrow q \overset{\text{def}}{=\!=\!=} \neg p \vee q.$$

Que la proposición p $\rightarrow$ q tenga el mismo valor de verdad que $\neg p \vee q$ significa que la tabla de verdad de ambas proposiciones es idéntica.

Como la tabla de verdad de $\neg p \vee q$ es:

p	q	$\neg p$	$\neg p \vee q$
V	V	F	V
V	F	F	F
F	V	V	V
F	F	V	V

la tabla de verdad de la implicación es

p	q	p $\rightarrow$ q
V	V	V
V	F	F
F	V	V
F	F	V

Es muy importante notar que para que la *implicación* sea verdadera **no es necesario** que haya una relación de causa-efecto entre las proposiciones.

EJEMPLO 5.1 Sean p y q las proposiciones

p: Ecuador tiene frontera con Perú,

q: El 8 es par.

La implicación p $\rightarrow$ q, que se enuncia "**si** Ecuador tiene frontera con Perú, **entonces** el 8 es par", es verdadera pues según la tabla anterior, como p es verdadera y q es verdadera sucede que la implicación es verdadera. ☺

A la proposición p en la implicación p $\rightarrow$ q se le llama la *hipótesis* de la implicación, y a la proposición q se le llama la *conclusión*. Según se nota en la tabla de verdad de p $\rightarrow$ q, la implicación *sólo* es falsa cuando la hipótesis p es verdadera y la conclusión q es falsa.

Esto significa que no admitiremos como implicación verdadera que, de una hipótesis verdadera se siga una conclusión falsa. Sin embargo,

es una implicación verdadera que una hipótesis falsa implique una conclusión falsa,

y también

es una implicación verdadera que una hipótesis falsa implique una conclusión verdadera.

Ilustremos con un ejemplo el significado de las afirmaciones anteriores y veamos que no van *tan* en contra de nuestro sentido común.

EJEMPLO 5.2 Consideremos la proposición "si llueve entonces voy al cine". Claramente es la implicación p $\rightarrow$ q de

p: Llueve,

q: Voy al cine.

La implicación puede ser verdadera o falsa.

Veamos por casos:

CASO 1. Resulta que sí llovió y, en efecto, fui al cine. Hice lo que dije, sin duda la implicación es verdadera.

CASO 2. Sí llovió y decidí no ir al cine. No cumplí con lo pactado, la implicación es falsa.

CASO 3. No llovió y, aún así, decidí ir al cine. ¿Dejé de cumplir lo pactado? No, no deje de cumplir (de hecho no llovió), luego la implicación es verdadera.

CASO 4. No llovió y no fui al cine. ¿Alguien puede acusarme de no cumplir mi promesa? No, luego la implicación es verdadera.

Hemos verificado, en este ejemplo, que la implicación es falsa solamente cuando la hipótesis es verdadera y la conclusión es falsa. ☺

En la implicación $p \to q$, a la proposición p se le llama *una condición suficiente* para q. También se dice que q es *una condición necesaria* para p.

Podemos interpretar lo anterior de la siguiente manera, si la implicación $p \to q$ es verdadera,

Suficiencia: Para que q sea verdadera **basta** que p sea verdadera.

Necesidad: Si p es verdadera, **necesariamente** q es verdadera.

Ejemplo 5.3 Del ejemplo anterior, en los casos en que la implicación es *verdadera*, la *suficiencia* significa que para que sea cierto que fui al cine *basta* que haya llovido, y la misma implicación verdadera expresada en términos de *necesidad* es que si es cierto que llovió *necesariamente* fui al cine. Insisto, cuando la implicación es *verdadera*. ☺

Definición 5.2. PROPOSICIONES RELACIONADAS CON UNA IMPLICACIÓN.

Hay tres, la *recíproca*, la *inversa* y la *contrapositiva*, que se definen de la manera siguiente:

Implicación	$p \to q$	p implica q
Recíproca	$q \to p$	q implica p
Inversa	$\neg p \to \neg q$	no p implica no q
Contrapositiva	$\neg q \to \neg p$	no q implica no p

Ejemplo 5.4 Según vimos en el ejemplo de la página anterior, la proposición "si llueve entonces voy al cine" es la implicación $p \to q$ de

$$p: \text{Llueve,}$$
$$q: \text{Voy al cine.}$$

Las proposiciones relacionadas son:

Implicación: Si llueve entonces voy al cine.

Recíproca: Si voy al cine entonces llueve.

Inversa: Si no llueve entonces no voy al cine.

Contrapositiva: Si no voy al cine entonces no llueve.

Supongamos que, en efecto, la implicación es una proposición verdadera. ¿Qué sucede con la **recíproca**, es cierto que si voy al cine entonces llueve? La respuesta es **No**, bien pude ir al cine aunque no lloviera.

Veamos la **inversa**, ¿es cierto que si no llueve no voy al cine?, de nuevo la respuesta es **No**, que no llueva no me impide ir al cine, la implicación que supusimos verdadera es que si llueve voy al cine, pero no dice nada acerca de lo que haré si no llueve.

Finalmente la **contrapositiva**, ¿es cierto que si no voy al cine no llueve? La respuesta es **Sí**, tengo la certeza de que si no voy al cine no está lloviendo, pues si estuviera lloviendo, por hipótesis, iría al cine.

Lo anterior nos indica que si una implicación es verdadera, su recíproca y su inversa no necesariamente lo son, pero sí es verdadera su contrapositiva, de hecho vamos a demostrar que son equivalentes. ☺

PROPIEDAD. 5.1. *Si* p *y* q *son proposiciones, la implicación* p → q *es equivalente a su contrapositiva, es decir*

$$p \to q \equiv \neg q \to \neg p.$$

DEMOSTRACIÓN. Por definición sabemos que

$$p \to q \overset{\text{def}}{=\!=\!=} \neg p \vee q,$$

aplicando la definición a la contrapositiva obtenemos

$$\neg q \to \neg p \equiv \neg(\neg q) \vee (\neg p),$$

al aplicar la doble negación

$$\equiv q \vee (\neg p),$$

ahora, por la conmutatividad de la disyunción (Propiedad 4.8)

$$\equiv \neg p \vee q$$

y, por la definición de implicación, obtenemos

$$\equiv p \to q.$$

☺

PROBLEMAS 5.1.

Analiza la implicación p → q, su recíproca, inversa y contrapositiva, si

p: Estás en Bolivia,

q: Estás en América (el continente americano).

Definición 5.3. Bicondicional. Sean p y q dos proposiciones, la *bicondicional "p si, y sólo si, q"*, que se escribe p ↔ q y también se lee p *es condición necesaria y suficiente para* q, es una proposición; tiene el mismo valor de verdad que $(p \to q) \land (q \to p)$. Es decir,

$$p \leftrightarrow q \stackrel{\text{def}}{=\!=\!=} (p \to q) \land (q \to p).$$

De la tabla de verdad de $p \to q$ y de $q \to p$

p	q	p → q	q → p
V	V	V	V
V	F	F	V
F	V	V	F
F	F	V	V

obtenemos la tabla de verdad de p ↔ q

p	q	p ↔ q
V	V	V
V	F	F
F	V	F
F	F	V

Vemos que la *bicondicional* p ↔ q es verdadera sólo en los casos en que tanto p como q tienen, ambas, el mismo valor de verdad.

La expresión *"si, y sólo si,"* se interpreta, en caso de que la bicondicional sea verdadera, como que p ocurre *si* q ocurre, pero, además, que q ocurre sólo si p ocurre. En términos de *suficiencia*, para que se cumpla q *basta* que p sea verdadera y, de manera **recíproca**, para que p se cumpla *basta* que q sea verdadera. En términos de *necesidad*, para que q se cumpla debe cumplirse p y, de manera **recíproca**, para que se cumpla p debe cumplirse q. Las consideraciones anteriores acerca de la bicondicional p ↔ q explican por qué, en caso de que la bicondicional sea verdadera, p es condición necesaria y suficiente para q.

Ejemplo 5.5 Analicemos esta versión ampliada del Ejemplo 5.2 de la página 31, "si llueve es condición necesaria y suficiente para que vaya al cine". Dicho de otra manera, "llueve si, y sólo si, voy al cine". Se trata de la bicondicional de las proposiciones

p: Llueve,

q: Voy al cine.

Caso 1. Resulta que si llovió y, en efecto, fuí al cine. Hice lo que dije, sin duda la bicondicional es verdadera.

Caso 2. Si llovió y decidí no ir al cine. No cumplí con lo pactado, la bicondicional es falsa.

Caso 3. No llovió y, aún así, decidí ir al cine. No cumplí lo pactado. Dije que iría *sólo* si lloviera, luego la bicondicional es falsa.

Caso 4. No llovió y no fui al cine. No falté a lo pactado (no hubo condiciones), luego la bicondicional es verdadera.

Hemos verificado, en este ejemplo, que la bicondicional es verdadera sólo cuando las dos proposiciones tienen el mismo valor de verdad (ambas son verdaderas o ambas son falsas). Y hemos ilustrado cómo la bicondicional $p \leftrightarrow q$, cuando es verdadera, obliga a que si se cumple p también se cumple q *y, viceversa*, si se cumple q debe cumplirse p.

Disponemos ahora de los conectivos lógicos, a saber, conjunción, disyunción, disyunción excluyente, implicación y bicondicional, además de la negación, con los cuales podemos construir nuevas proposiciones cuyo valor de verdad depende de los valores de verdad de las proposiciones constituyentes y se obtienen de la tabla de verdad de los conectivos.

EJEMPLO 5.6 A partir de las afirmaciones

$$p: \text{Voy a la playa,}$$
$$q: \text{Hace calor,}$$
$$r: \text{Llueve,}$$

construimos nuevas proposiciones y las enunciamos,

$(q \wedge \neg r) \rightarrow p$: Si hace calor y no llueve, voy a la playa.

$q \rightarrow (\neg r \rightarrow p)$: Si hace calor entonces, si no llueve voy a la playa.

$p \leftrightarrow q$: Voy a la playa si, y sólo si, hace calor.

$(r \wedge \neg q) \rightarrow \neg p$: Llueve y no hace calor, entonces no voy a la playa.

ACTIVIDAD 5.1.

CLIMA Y DIVERSIÓN. Quienes no vivan cerca de la playa podrán construir afirmaciones similares y adecuadas a sus condiciones climáticas y posibilidades de diversión.

6   ¿Cómo razonar?

6.1.   Tautología y contradicción

Un tipo de proposición que nos interesa de manera particular, es la que *siempre es verdadera*, independientemente de los valores de verdad de sus proposiciones constituyentes, quizá el ejemplo más sencillo sea $p \vee \neg p$.

Otro tipo de proposición que nos interesa es la que *siempre es falsa* para cualquier valor de verdad de sus proposiciones constituyentes, el ejemplo más sencillo es $p \wedge \neg p$.

p	$\neg p$	$p \vee \neg p$	$p \wedge \neg p$
V	F	V	F
F	V	V	F

DEFINICIÓN 6.1. TAUTOLOGÍA Y CONTRADICCIÓN. Una **tautología** es una proposición que siempre es verdadera, una **contradicción** es una proposición que siempre es falsa, independientemente de los valores de verdad de sus proposiciones constituyentes.

EJEMPLO 6.1 Demuestra que $p \rightarrow (p \vee q)$ es una tautología.

SOLUCIÓN. Construimos la tabla de verdad de $p \rightarrow (p \vee q)$

p	q	$p \vee q$	$p \rightarrow (p \vee q)$
V	V	V	V
V	F	V	V
F	V	V	V
F	F	F	V

y vemos que la proposición $p \rightarrow (p \vee q)$ siempre es verdadera, independientemente de los valores de las proposiciones constituyentes, luego se trata de una *tautología*. ☺

EJEMPLO 6.2 La implicación

$$(q \wedge \neg r) \rightarrow p$$

no es una tautología.

SOLUCIÓN. Construimos su tabla de verdad.

p	q	r	¬r	q ∧ ¬r	(q ∧ ¬r) → p
V	V	V	F	F	V
V	V	F	V	V	V
V	F	V	F	F	V
V	F	F	V	F	V
F	V	V	F	F	V
F	V	F	V	V	F
F	F	V	F	F	V
F	F	F	V	F	V

Vemos que en el sexto renglón la implicación tiene valor F, es decir, **no** sucede que para *todos* los valores posibles de p, q y r la implicación es verdadera, por lo tanto la implicación no es una tautología. ☺

EJEMPLO 6.3 Demuestra que

$$(p \wedge \neg q) \wedge q$$

es una contradicción.

SOLUCIÓN. Construimos la tabla de verdad de $(p \wedge \neg q) \wedge q$

p	q	p ∧ ¬q	(p ∧ ¬q) ∧ q
V	V	F	F
V	F	V	F
F	V	F	F
F	F	F	F

vemos que la proposición $(p \wedge \neg q) \wedge q$ siempre es falsa, independientemente de los valores de sus proposiciones constituyentes, luego se trata de una *contradicción*. ☺

EJEMPLO 6.4 Demuestra que $(p \wedge \neg q) \vee \neg p$ no es una contradicción.

SOLUCIÓN. Construimos su tabla de verdad,

p	q	p ∧ ¬q	(p ∧ ¬q) ∨ ¬p
V	V	F	F
V	F	V	V
F	V	F	V
F	F	F	V

Vemos que el valor de verdad de $(p \wedge \neg q) \vee \neg p$ en los últimos tres renglones de su tabla es V, luego **no** sucede que *todos* los valores de verdad son F. Por lo tanto no se trata de una contradicción. ☺

Para demostrar que una proposición es una **tautogía** debemos verificar que siempre es *verdadera*, independientemente de los valores de verdad de sus proposiciones constituyentes.

Para demostrar que una proposición es una **contradicción** debemos verificar que siempre es *falsa*, independientemente de los valores de verdad de sus proposiciones constituyentes.

Problemas 6.1.

1. Si p y q son proposiciones, demuestra que $\neg(p \vee \neg q) \to \neg p$ es una tautología.

2. Demuestra que $(p \wedge \neg q) \to \neg p$ no es una tautología.

3. Analiza la proposición $(\neg p \wedge \neg q) \to (p \vee q)$. ¿Es una tautología o una contradicción?

4. ¿Qué puedes decir de la proposición $(\neg p \wedge q) \to \neg(p \wedge q)$?

Denotemos con $\mathcal{T}$ a una *tautología* y con $\mathcal{C}$ a una *contradicción*, en el sentido de que $p \vee \neg p \equiv \mathcal{T}$ y que $p \wedge \neg p \equiv \mathcal{C}$. Así, tenemos que se cumplen las siguientes propiedades.

Propiedad. 6.1. *Si $\mathcal{T}$ denota tautología y $\mathcal{C}$ denota contradicción, entonces para cualquier proposición p se cumple que:*

i) *La conjunción de una tautología con cualquier proposición es una tautología: $\mathcal{T} \vee p \equiv \mathcal{T}$.*

ii) *La disyunción de una contradicción con cualquier proposición en una contradicción: $\mathcal{C} \wedge p \equiv \mathcal{C}$.*

Demostración. Para el primer inciso, sea p cualquier proposición, sus valores de verdad pueden ser V o F, mientras que el valor de verdad de $\mathcal{T}$ siempre es V. La tabla de la conjunción será entonces

p	$\mathcal{T}$	$\mathcal{T} \vee p$
V	V	V
F	V	V

Los valores de la última columna son todos V luego la conjunción es una tautología.

Para el segundo inciso, los valores de verdad de p pueden ser V o F mientras que el valor de verdad de $\mathcal{C}$ siempre es F. La tabla de la disyunción es

p	$\mathcal{C}$	$\mathcal{C} \wedge p$
V	F	F
F	F	F

Los valores de la última columna son todos F luego la disyunción es una contradicción.

EJEMPLO 6.5 Simplifica la expresión $\neg\left[(p \wedge \neg q) \to \neg q\right]$ y di si se trata de una tautología o una contradicción.

SOLUCIÓN. Aplicamos la definición de implicación dentro de la negación

$$\neg\left[(p \wedge \neg q) \to \neg q\right] \equiv \neg\left[\neg(p \wedge \neg q) \vee \neg q\right]$$
$$\equiv (p \wedge \neg q) \wedge q$$
$$\equiv p \wedge (q \wedge \neg q)$$
$$\equiv p \wedge \mathcal{C}$$
$$\equiv \mathcal{C}$$

La expresión $\neg\left[(p \wedge \neg q) \to \neg q\right]$ es una contradicción

6.2. Reglas de inferencia

Hay varias tautologías que constituyen maneras básicas de razonar, llamadas también *reglas de inferencia*.

DEFINICIÓN 6.2. IMPLICACIÓN LÓGICA. Si p y q son proposiciones tales que $p \to q$ es una tautología, decimos que p *implica lógicamente* a q y lo escribimos , usando el símbolo "$\Rightarrow$", es decir $p \Rightarrow q$.

DEFINICIÓN 6.3. EQUIVALENCIA LÓGICA. Si p y q son proposiciones tales que $p \leftrightarrow q$ es una tautología, decimos que p *es lógicamente equivalente* a q y lo escribimos usando el símbolo "$\Leftrightarrow$", es decir $p \Leftrightarrow q$.

Tanto la implicación lógica como la equivalencia lógica son **maneras correctas** de razonar, en particular, si en una implicación lógica la hipótesis es verdadera, la conclusión necesariamente lo es.

Las siguientes implicaciones lógicas, llamadas *reglas de inferencia*, son ejemplo de maneras correctas de razonar.

Definición 6.4. Modus ponens. Se llama *modus ponens* o *razonamiento directo*, al razonamiento usado mediante la implicación lógica

$$[(p \rightarrow q) \wedge p] \rightarrow q.$$

La proposición $(p \rightarrow q) \wedge p$ es la hipótesis y q es la conclusión.

Para que la definición anterior sea consistente, debemos verificar que la proposición $[(p \rightarrow q) \wedge p] \rightarrow q$ es una tautología y así, una implicación lógica.

Afirmación 6.1. *La proposición* $[(p \rightarrow q) \wedge p] \rightarrow q$ *es una tautología.*

Demostración. Una tautología, según la Definición 6.1 de la página 36, es una proposición que siempre es verdadera, independientemente de los valores de verdad de sus proposiciones constituyentes. Verifiquemos construyendo su tabla de verdad.

p	**q**	$\mathbf{p \rightarrow q}$	$\mathbf{(p \rightarrow q) \wedge p}$	$\mathbf{[(p \rightarrow q) \wedge p] \rightarrow q}$
V	V	V	V	V
V	F	F	F	V
F	V	V	F	V
F	F	V	F	V

En las dos primeras columnas colocamos las posibles combinaciones de los valores de verdad de p y q. En la tercera columna los valores de verdad de $p \rightarrow q$ correspondientes, sólo es F en el segundo renglón, donde p es verdadera y q falsa (ver Def. 5.1, p. 30). En la cuarta columna tenemos la conjunción de la tercera y la primera, sólo en el primer renglón ambas son verdaderas. Finalmente en la quinta columna está la implicación de la cuarta y la segunda; todos los valores son V (¿Por qué?). ☺

Hemos verificado que la proposición $[(p \rightarrow q) \wedge p] \rightarrow q$ es una tautología, se puede leer como *si p implica q y sucede p, entonces sucede q*, y se escribe

$$[(p \rightarrow q) \wedge p] \Rightarrow q.$$

Ejemplo 6.6 Usemos de nuevo las proposiciones del Ejemplo 5.2 de la página 31,

p: Llueve,

q: Voy al cine.

Modus ponens: Si llueve entonces voy al cine, llueve, entonces voy al cine.

Hipótesis: Si llueve entonces voy al cine.

Llueve.

Conclusión: Voy al cine.

DEFINICIÓN 6.5. MODUS TOLLENS. Se llama *modus tollens* o *razonamiento indirecto*, al razonamiento usado mediante la implicación lógica

$$[(p \rightarrow q) \wedge \neg q] \rightarrow \neg p.$$

La proposición $(p \rightarrow q) \wedge \neg p$ es la hipótesis y $\neg p$ es la conclusión.

Como en el caso anterior de la Definición 6.4 de la página 40, debemos demostrar que la implicación lógica es una tautología.

AFIRMACIÓN 6.2. *La proposición* $[(p \rightarrow q) \wedge \neg q] \rightarrow \neg p$ *es una tautología.*

DEMOSTRACIÓN. Construimos su tabla de verdad.

p	q	$\neg q$	$p \rightarrow q$	$(p \rightarrow q) \wedge \neg q$	$[(p \rightarrow q) \wedge \neg q] \rightarrow \neg p$
V	V	F	V	F	V
V	F	V	F	F	V
F	V	F	V	F	V
F	F	V	V	V	V

Así, el *modus tollens* o *razonamiento indirecto* se escribe

$$[(p \rightarrow q) \wedge \neg q] \Rightarrow \neg p.$$

EJEMPLO 6.7 Usemos una vez más las proposiciones del Ejemplo 5.2 de la página 31,

p: Llueve,

q: Voy al cine.

Modus tollens: Si llueve entonces voy al cine, no voy al cine, entonces no llueve.

HIPÓTESIS: Si llueve entonces voy al cine,

No voy al cine.

CONCLUSIÓN: No llueve.

DEFINICIÓN 6.6. MODUS TOLLENDO PONENS. Se llama *modus tollendo ponens* o *silogismo disyuntivo*, al razonamiento usado mediante la implicación lógica

$$[(p \vee q) \wedge \neg p] \rightarrow q.$$

La proposición $(p \vee q) \wedge \neg p$ es la hipótesis y q es la conclusión.

Como en las definiciones anteriores, debemos demostrar que la implicación lógica es una tautología.

AFIRMACIÓN 6.3. *La proposición* $[(p \lor q) \land \neg p] \to q$ *es una tautología.*

DEMOSTRACIÓN. Construimos su tabla de verdad.

p	q	p $\lor$ q	$\neg$p	(p $\lor$ q) $\land \neg$p	[(p $\lor$ q) $\land \neg$p] $\to$ q
V	V	V	F	F	V
V	F	V	F	F	V
F	V	V	V	V	V
F	F	F	V	F	V

El *modus tollendo ponens* o *silogismo disyuntivo* se escribe

$$[(p \lor q) \land \neg p] \Rightarrow q.$$

EJEMPLO 6.8 Usemos de nuevo las proposiciones del Ejemplo 5.2 de la página 31,

p: Llueve,

q: Voy al cine.

Modus tollendo ponens: Si llueve o voy al cine, y no llueve, entonces voy al cine.

HIPÓTESIS: Llueve o voy al cine,

No llueve.

CONCLUSIÓN: Voy al cine.

DEFINICIÓN 6.7. MODUS PONENDO TOLLENS. Se llama *modus ponendo tollens* al razonamiento usado mediante la implicación lógica

$$[\neg(p \land q) \land p] \to \neg q.$$

La proposición $\neg(p \land q) \land p$ es la hipótesis y $\neg q$ es la conclusión.

Nuevamente, debemos demostrar que la implicación lógica es una tautología.

AFIRMACIÓN 6.4. *La proposición* $[\neg(p \land q) \land p] \to \neg q$ *es una tautología.*

DEMOSTRACIÓN. Construimos su tabla de verdad.

p	q	$p \wedge q$	$\neg(p \wedge q)$	$\neg(p \wedge q) \wedge p$	$[\neg(p \wedge q) \wedge p] \to \neg q$
V	V	V	F	F	V
V	F	F	V	V	V
F	V	F	V	F	V
F	F	F	V	F	V

El *modus ponendo tollens* se escribe

$$[\neg(p \wedge q) \wedge p] \Rightarrow \neg q.$$

EJEMPLO 6.9 Usando de nuevo las proposiciones del Ejemplo 5.2 de la página 31,

p: Llueve,

q: Voy al cine.

Modus ponendo tollens: Si no: llueve y voy al cine, y llueve, entonces no voy al cine.

HIPÓTESIS: No: llueve y voy al cine,

Llueve.

CONCLUSIÓN: No voy al cine.

El *modus ponendo tollens* parte de la negación de una conjunción, es decir $\neg(p \wedge q)$. Después se agrega que se cumple la primera parte de la conjunción y se concluye que no se cumple la segunda. Una buena analogía es decir que si dos eventos p y q no suceden simultáneamente y sucede p entonces no sucede q.

EJEMPLO 6.10 La primera parte de la hipótesis es la negación de una conjunción.

p: Como,

q: Nado.

Modus ponendo tollens: Si no: como y nado, y como, entonces no nado.

HIPÓTESIS: No: como y nado,

Como.

CONCLUSIÓN: No nado.

Definición 6.8. Regla de la cadena. Se llama *regla de la cadena* o *silogismo hipotético*, al razonamiento usado mediante la implicación lógica

$$[(p \to q) \land (q \to r)] \to (p \to r).$$

La proposición $(p \to q) \land (q \to r)$ es la hipótesis y $p \to r$ es la conclusión.

Como sucedió en la Definición 6.4 de la página 40 y subsecuentes, debemos demostrar que la implicación lógica es una tautología.

Afirmación 6.5. *La proposición* $[(p \to q) \land (q \to r)] \to (p \to r)$ *es una tautología.*

Demostración. Construimos su tabla de verdad para verificarlo. Veamos primero las implicaciones:

p	q	r	$p \to q$	$q \to r$	$p \to r$
V	V	V	V	V	V
V	V	F	V	F	F
V	F	V	F	V	V
V	F	F	F	V	F
F	V	V	V	V	V
F	V	F	V	F	V
F	F	V	V	V	V
F	F	F	V	V	V

Después la conjunción y completamos:

p	q	r	$(p \to q) \land (q \to r)$	$[(p \to q) \land (q \to r)] \to (p \to r)$
V	V	V	V	V
V	V	F	F	V
V	F	V	F	V
V	F	F	F	V
F	V	V	V	V
F	V	F	F	V
F	F	V	V	V
F	F	F	V	V

La *regla de la cadena* se escribe

$$[(p \to q) \land (q \to r)] \Rightarrow (p \to r).$$

EJEMPLO 6.11 En este caso tenemos tres proposiciones,

$$p: \text{Llueve,}$$
$$q: \text{Voy al cine.}$$
$$r: \text{Volveré tarde.}$$

Regla de la cadena: Si llueve entonces voy al cine, si voy al cine entonces volveré tarde, luego si llueve volveré tarde.

HIPÓTESIS: Si llueve entonces voy al cine,

Si voy al cine entonces volveré tarde.

CONCLUSIÓN: Si llueve entonces volveré tarde.

PROBLEMAS 6.2.

Demuestra que el llamado *Principio de demostración indirecta*,

$$[(\neg p \to \neg q) \wedge q] \to p,$$

es una implicación lógica.

Bibliografía

CHOPIN, Frédéric. *24 Preludi, Op. 28*. Recital, Yuja WANG. Teatro La Fenice. 3 de abr. de 2017.
  URL: https://www.youtube.com/watch?v=pSpf9bKK_Zk&feature=youtu.be (visitado 19-04-2019).

CONAN DOYLE, Sir Arthur. *A Study in Scarlet*. London, New York y Melbourne: Ward, Lock & Co., 1887.
  URL: http://bit.ly/2GSZ6ku (visitado 03-05-2019).

GARCÍA LORCA, Federico. *Obras Completas*. Vol. I. Aguilar, 1954.

HU, The. *Wolf Totem*. 16 de nov. de 2018.
  URL: https://www.youtube.com/watch?v=jM8dCGIm6yc (visitado 19-04-2019).

LÓPEZ MATEOS, Manuel. *Conjuntos, lógica y funciones*. Segunda edición. México: MLM editor, 2019.
  URL: https://goo.gl/DZG55y (visitado 17-07-2019).

— *MateCompu*. PARA JÓVENES. México: MLM editor, 2019.
  URL: https://matecompu.mi-libro.club/ (visitado 09-08-2019).

Programas de estudio. Mapa Curricular del Plan de Estudios 2016. Colegio de Ciencias y Humanidades. UNAM. 2016.
  URL: https://www.cch.unam.mx/programasestudio (visitado 05-08-2019).

RUSSELL, Bertrand. *Paradoja de Russell — Wikipedia, The Free Encyclopedia*.
  URL: https://es.wikipedia.org/wiki/Paradoja_de_Russell (visitado 08-03-2019).

Índice alfabético

Símbolos y notación